Panda Love

〜知られざるパンダの世界〜

Panda Love

〜知られざるパンダの世界〜

エイミー・ビターリ

世界の総人口が70億人に達した今、
私たちが心にとめておかなければならないことがあります。
それは、人間も自然と共に生きる生き物だということです。
人間と動物は運命共同体。
自然を守るということは、まさしく私たち自身を守ることにほかなりません。
命あるものすべてを大切にする。
そんな世界を再び取り戻すことができないでしょうか？

About the Author

著者紹介

エイミー・ビターリは、写真家、ライター、映画監督として、100を超える国々を訪問。世界の紛争地域や暴力がはびこる国に行き、つらい環境のなかでも強くたくましく生きる人間の美しい姿を撮り続けてきました。「現実を体験し、共感する」ことをモットーに、泥を固めて作った小屋に寝泊まりしたり、戦地に住んだこともあれば、マラリアにかかったり。パンダの着ぐるみを身に着けたことだってあります。

彼女は、パンダのことをよく知るために、中国ジャイアントパンダ保護研究センターが運営する数か所のパンダ基地に何度も足を運び、3年かけて、パンダとその保護に取り組む人々との絆を深めました。そして、ついには、パンダと心を通わせることができるようになったのです。

中国では絶滅《ぜつめつ》が心配されているジャイアントパンダを救おうと、1960年代に、最初の自然保護区が建てられて以降ずっと、パンダを保護する活動が続けられています。取材を通してその活動が順調に進んでいることを実感した彼女はこう言います。「ジャイアントパンダを野生に戻して、その生息環境を守るためには、これからもっと努力と研究を重ねていかなければなりません。政策や法律の分野を、科学とつなげて考えていくことも大切です。パンダは、自然界の大きな財産です。保護活動が進んでいけば、パンダの数が増え、パンダが安心して暮らせる環境を取り戻すことができるはずです。そうすれば、人と自然が調和した美しい環境を作ることができるでしょう」

エイミーは、ニコンアンバサダーであり、ナショナル・ジオグラフィック誌の写真家兼ライターとしても活躍中。発展途上国における女性問題を提起するアーティスト集団、リップル・エフェクト・イメージの創設メンバーとして、野生動物の保護や紛争問題など、今地球が直面している大きな問題を広く世界に訴えつつ、まだ社会に知られていない、小さなニュースも追いかけています。

たまの息抜きは、自宅のあるモンタナに戻ってリラックスすること。

Introduction

まえがき

　私が住むアメリカの動物園に、パンダが初めてやってきたのは、1936年のことです。「犬1匹 20ドル」と書かれた輸入許可書を手に、上海から海を越え、パンダを連れて帰ってきたのは、ある探検家の遺志《いし》を継いで、中国に渡った妻のルース・ハークネスさん。パンダはアメリカ到着後、すぐにシカゴの動物園に引き取られましたが、「スーリン（蘇林）」と名付けられたこのパンダをひと目見ようと、公開初日には5万人以上もの人が集まりました。

　パンダといえば、その8年ほど前に、セオドア・ルーズベルト元大統領（クマ好きで有名。今や世界的に有名なテディベアは、セオドアのニックネーム「テディ」が由来）の息子たちがパンダ狩りをし、その標本をアメリカに持ち帰ったことが大きなニュースになりました。しかし、人々が実際に生きているパンダを直接みることができたのは、スーリンが初めてでした。

　それ以来、このちょっとお茶目で可愛らしいパンダは、動物園の人気者としてみんなに愛されてきました。動物園もパンダを身近に感じてもらおうと、「親善大使」として中国からレンタルしたり、特設コーナーを設けたり。

　ところが、自然界ではそうはいきません。パンダの故郷、中国の四川省《しせんしょう》には、世界の30パーセントのジャイアントパンダが生息している自然保護区があり、ジャイアントパンダの保護活動が行なわれています。そのひとつである栗子坪《リーズーピン》自然保護区の霧深い山奥では、野生パンダに簡単に近づくことはできません。その愛らしい姿を見ると、ついパンダに近よって、仲良くなりたいと思うときもありますが、どんなに可愛くても、パンダは野生動物。むやみに近づくのは危険です。

　パンダは意外と気難しい動物なので、飼育員は細心の注意を払って、パンダの生態観察や保護活動を行なっています。何といっても、パンダはクマの仲間、牙と爪を持つ巨大な動物なのです。

　野生動物を観察する上で大切なのは、近づきすぎず、動物のじゃまにならないように、そっと見守ることです。ただしパンダの実態を探るには、どうしてもパンダの写真を間近で撮る必要がありました。そのためには、何とかしてパンダの世界に溶け込まなければなりません。そこで、飼育員をまね、パンダの尿や糞《ふん》の匂いのついた着ぐるみを身に着けることにしました。そうやって、見た目や匂いをできるだけパンダに近づけたのです。

現在、世界に生息するジャイアントパンダの数はわずか2000頭足らずです。動物園は長い間、赤ちゃんパンダを誕生させようと必死に取り組んでいますが、野生パンダの繁殖《はんしょく》についてはいまだに謎だらけで、なかなかうまくいきません。また、切り開かれて農地にされるなど、パンダの生息地と言われる山奥の竹林も次々と破壊されています。

そんななか、保護区の研究者たちはここ30年にわたり、パンダを繁殖させ、野生に返し、その数を増やし、生息環境を守ろうと努力してきました。その結果、パンダの数が増え、2016年9月には、国際自然保護連合が作成するレッドリスト（絶滅の恐れのある生物リスト）でも、絶滅危惧種《きぐしゅ》の指定から外され、緊急度が1ランク下の危急種《ききゅうしゅ》に引き下げられました。深刻な環境問題ばかりが話題になる中国ですが、ジャイアントパンダに関しては、希望となる明るいニュースです。

ただ、パンダの発情期は1年に1度で、しかも24時間から72時間しかなく、人工での繁殖は難しいといわれています。そこで、1980年に設立された、世界で唯一のパンダ研究所である中国ジャイアントパンダ保護研究センター（CCRCGP）では、パンダの野生化訓練プロジェクトを立ち上げました。これは、パンダの繁殖に取り組むとともに、赤ちゃんパンダを観察し、2才になったら自立して、パンダが野生で一人で暮らせるように訓練していくプロジェクトです。

まず、赤ちゃんパンダは母親と一緒に野生に近い環境に移され、親子だけで生活しながら警戒心を養います。次に、他の野生動物も生息する山奥の広い生息地に放たれ、そこで母親から、野生で生き残る術を教わります。最終的に、母親と離れて野生の山に放され、一人で生きていくのです。

パンダたちが暮らすこの地は、人里離れた山の中です。動物園のパンダと違い、その姿をひと目見ようと列をなす子どもたちもいなければ、フェイスブックのファンページもありません。その代わり、このパンダには、「野生に戻って子孫を残してほしい」そんなみんなの期待がつまっています。ジャイアントパンダの数は、ゆっくりですが、着実に増加しています。これは、中国の研究者や自然保護活動家の努力と忍耐のたまものです。ジャイアントパンダは、中国にとって、世界に誇る大切な親善大使です。パンダを繁殖して、野生に戻し、その生息地を守っていくことで、中国は将来必ず、パンダを絶滅の危機から救ってくれることでしょう。

研究者たちは、絶滅の恐れのある野生のジャイアントパンダを何としてでも守ろうと、地道な努力を続けています。

信じられないことですが、パンダはかつて、誰も見たことのない幻の動物でした。何百年も前から地球に存在したパンダが、世界中に知られるようになったのは20世紀、パンダが最初に生きたまま捕らえられたのは、1936年のことでした。

右の写真：ジャイアントパンダが長い間、発見されなかったのはなぜでしょうか？　野生のジャイアントパンダは、中国中央部の四川省や陝西省《せんせんしょう》、甘粛省《かんしゅくしょう》といったごく限られた地域にある、人里離れた山奥に住んでいるからです。こういった場所には、涼しく、湿った竹林があり、ジャイアントパンダにとって、人目に触れることなくひっそりと暮らせる格好の生息場所となっているのです。

次ページの写真：パンダは、何百万年もの間、肉食でした。しかし、争い事を好まないパンダは、他の肉食動物と獲物の取り合いをしなくてすむように、体の機能や習性を変えて、竹を主食とするようになったのです。さらにパンダの体には「第6の指」が発達しました。この指を使うことにより、竹をうまくつかんで食べることができるのです。パンダ1頭が食べる竹の量は、1日当たり13.5から36キログラムです。

ジャイアントパンダの赤ちゃんは、フワフワ、コロコロしていて、愛らしく、甲高い声で鳴きます。絶滅が心配されているパンダは、飼育下で繁殖させ、育てるのがとても大変です。繁殖センターで生まれた赤ちゃんパンダの生存率も、1960年代にはわずか30パーセントでした。しかし、研究と努力の結果、現在では、その比率は90パーセントにまで向上しました。

飼育環境のもとで、パンダを繁殖させるのが難しい理由のひとつが、メスの発情期が短いことです。その発情周期は、1年に1度だけで、そのうち妊娠できる期間はわずか24時間から72時間に限られます。オスのパンダがその時期に素早く行動を起こさなければ、さらに1年待たなければなりません。

パンダはめったに交尾をしないので、仲間の交尾行動を見ることもほとんどありません。そのため交尾の仕方がよく分かっていません。そこで、研究者たちは、手がかりになってくれればと、若いパンダに他のパンダの交尾シーンを撮影したビデオ「パンダ・ポルノ」を見せるなど、涙ぐましい努力をしています。

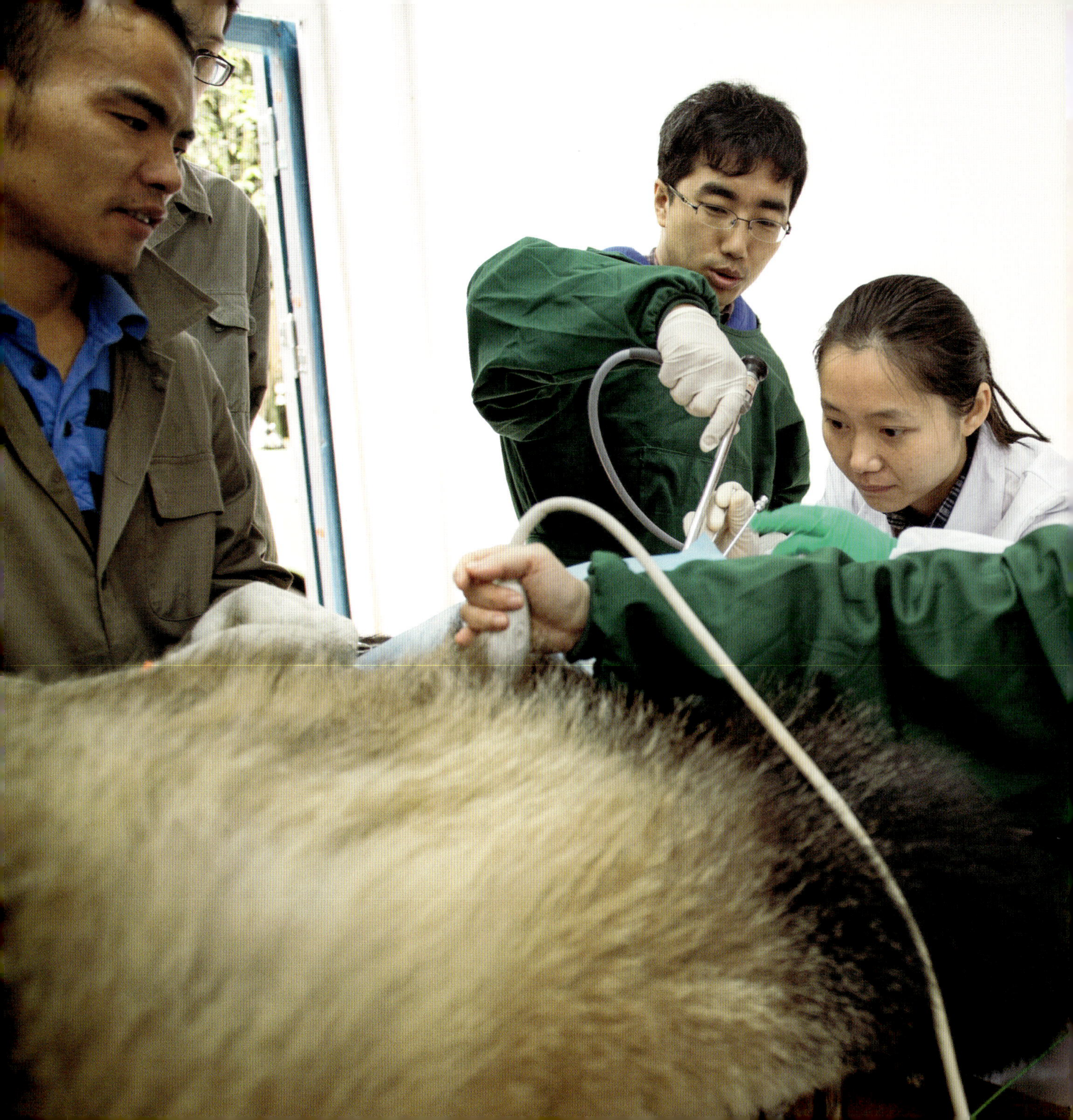

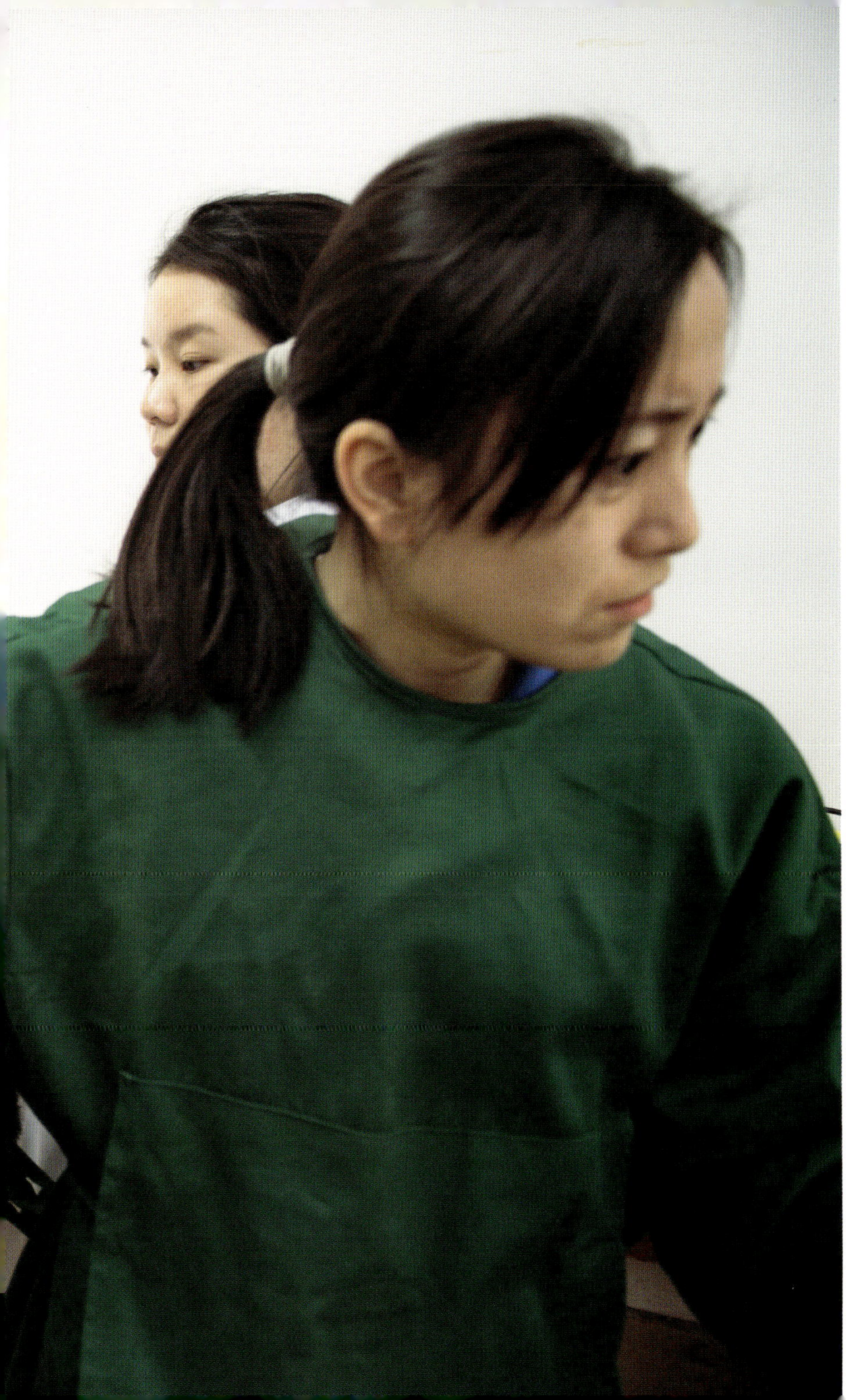

近年は、繁殖の取り組みのひとつとして、人工授精《じゅせい》が行なわれています。時には２頭のオスの精子を使うこともあります。内分泌《ないぶんぴつ》学者たちは、パンダの尿に含まれるホルモンの量をモニターして排卵《はいらん》時期を予測し、１日から２日かけ、数回に分けてメスの体に精子を注入し、着床《ちゃくしょう》する可能性を高めます。

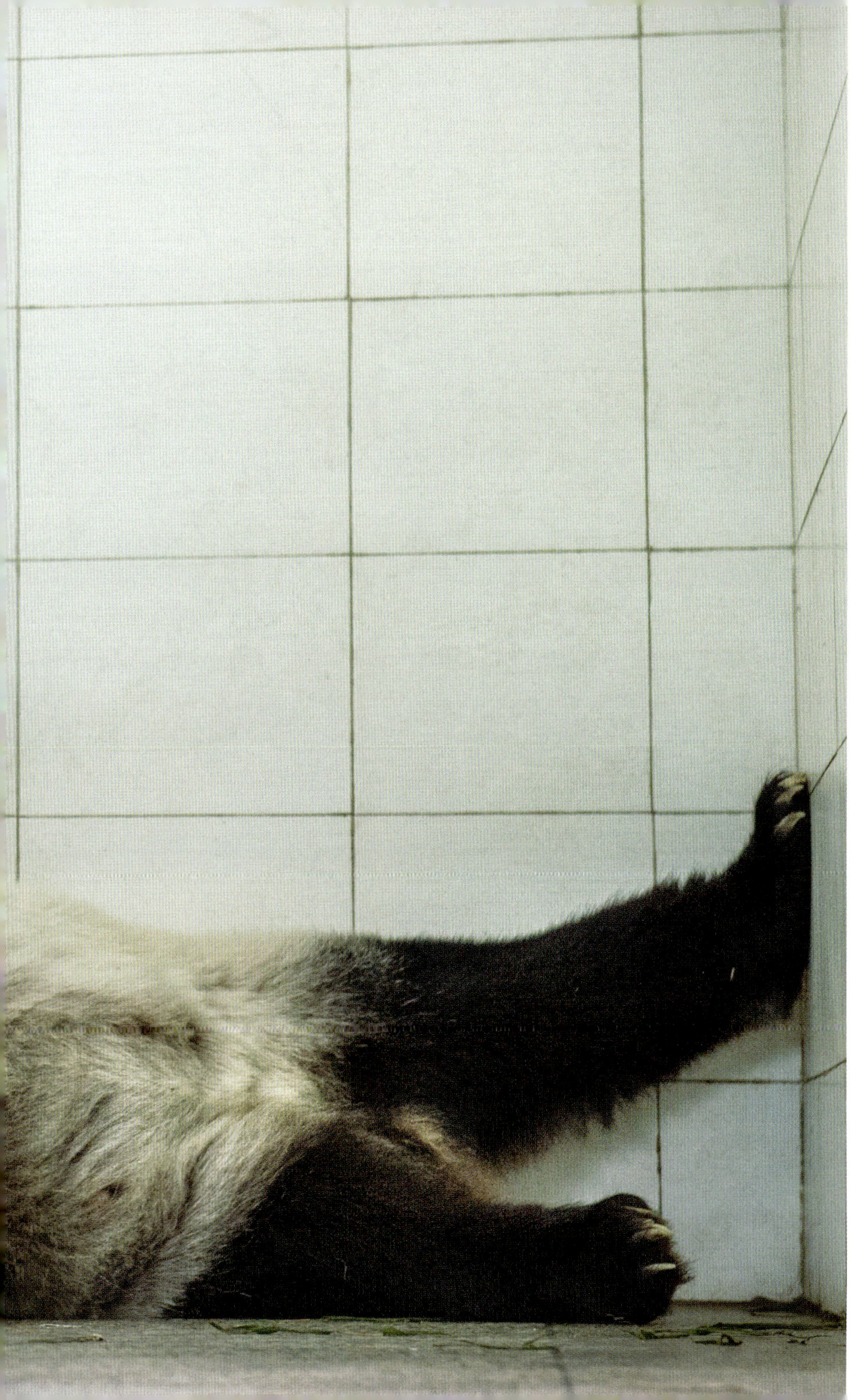

パンダが妊娠したかどうかを判断するのは簡単ではありません。パンダの胎児《たいじ》は、とても小さいので、超音波検査でも見落とされやすいためです。また、パンダには着床遅延《ちゃくしょうちえん》と呼ばれる現象があり、受精してから着床するまでに時間がかかります。そのため、妊娠期間にかなりの幅がある上、ホルモンの変動にもばらつきがあるので、知らないうちに流産してしまうこともあるのです。

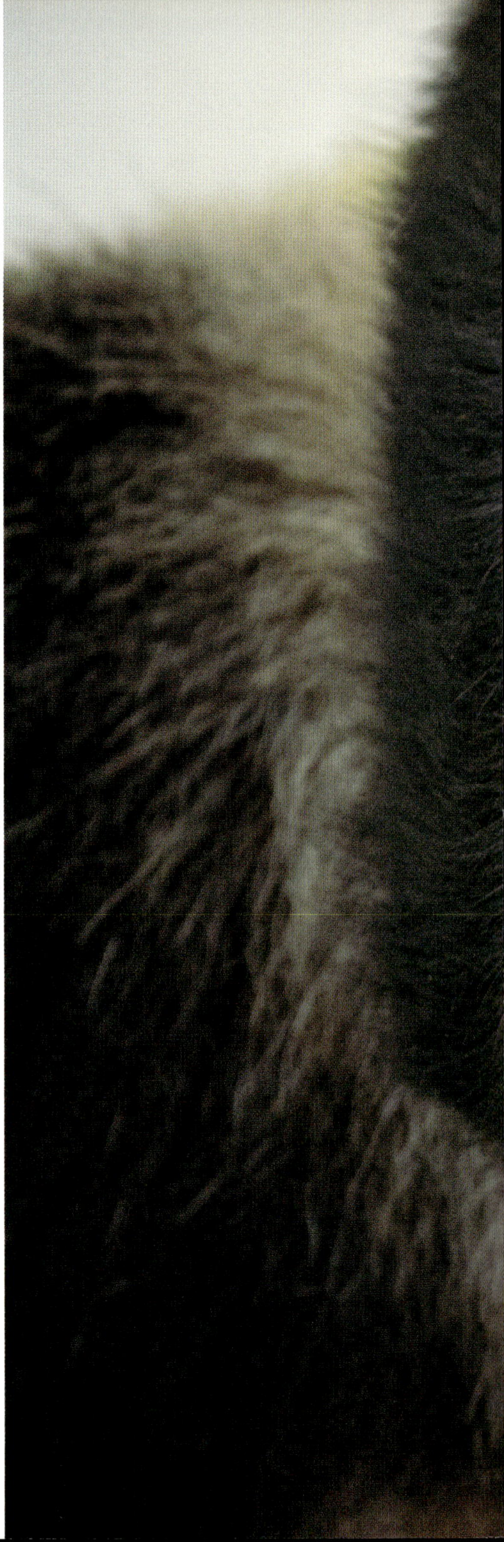

生まれたての赤ちゃんパンダは、目が見えず、毛もほとんど生えておらず、キーキーと甲高い声で鳴きます。体重は、お母さんパンダの900分の1ほど。生まれたばかりのパンダは、人間の赤ちゃんと同じで、母親に守ってもらわないと生きていけないのです。

飼育下で生まれたジャイアントパンダの赤ちゃんの約50パーセントは双子です。でも母親が世話するのは、どちらか1頭だけで、もう1頭はほったらかしにされてしまうことがほとんどです。そこで、飼育員の出番。1頭は母親の手に、そしてもう1頭は保育器で育て、数時間ごとに（成長したら数日ごとに）2頭を取りかえます。そうやって、平等に親子の絆を深めていくのです。野生では、1頭しか生き残れないといわれています。

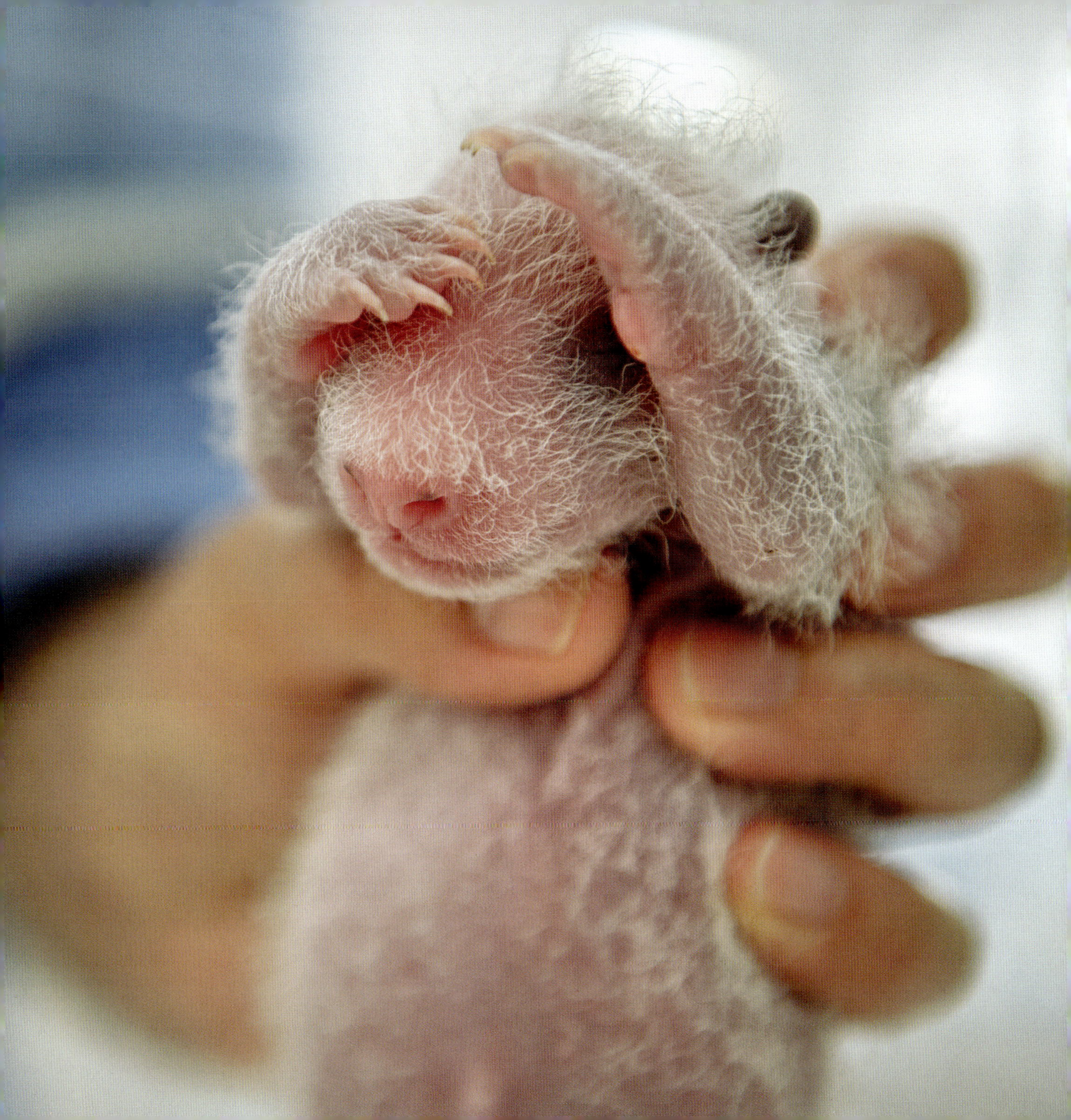

パンダはとにかく寝るのが大好きです。１回の睡眠時間は２時間から４時間で、１日のうち計約10時間はごろごろしています。寝る場所は、木の上だったり、森の地面だったりといろいろ。あおむけになったり、横向きになったり、うつ伏せになったりして、大きく伸びをしながらぐっすりと寝ています。

見学者は、赤ちゃんパンダに会えるうれしさにワクワク。保育室のガラスに鼻を押しつけたり、カメラを向けたり大忙し。カゴに入れられたモコモコの赤ちゃんパンダに、ワー、キャーと歓声が上がります。

生後３か月間は、専門のトレーニングを受けた飼育員が、赤ちゃんパンダのお世話係。人間の赤ちゃんと同じように、定期的にミルクを飲み、睡眠をたっぷり取ることで、どんどん成長します。

M1 M2 M3 M4
M5 M6

ここは、四川省にある碧峰峡《ビーフォンシア》パンダ基地。パンダにだって、毎日のお勤めがあるんです！

生まれたてのジャイアントパンダの1日は、まず体重測定から始まります。赤ちゃんパンダの成長は早く、100グラムちょっとで生まれても、生後1か月で約1.8キロにまで成長します。これは、哺乳類《ほにゅうるい》の中でもかなり早いスピードです。

碧峰峡パンダ基地にある保育室にて、飼育員のリウ・ジュアンさんに鼻をすりよせて甘える赤ちゃんパンダ。元気に育つまで、飼育員は気が抜けない日々が続きます。でもたまには、リラックスして赤ちゃんパンダとの触れ合いを楽しむこともあるんです。

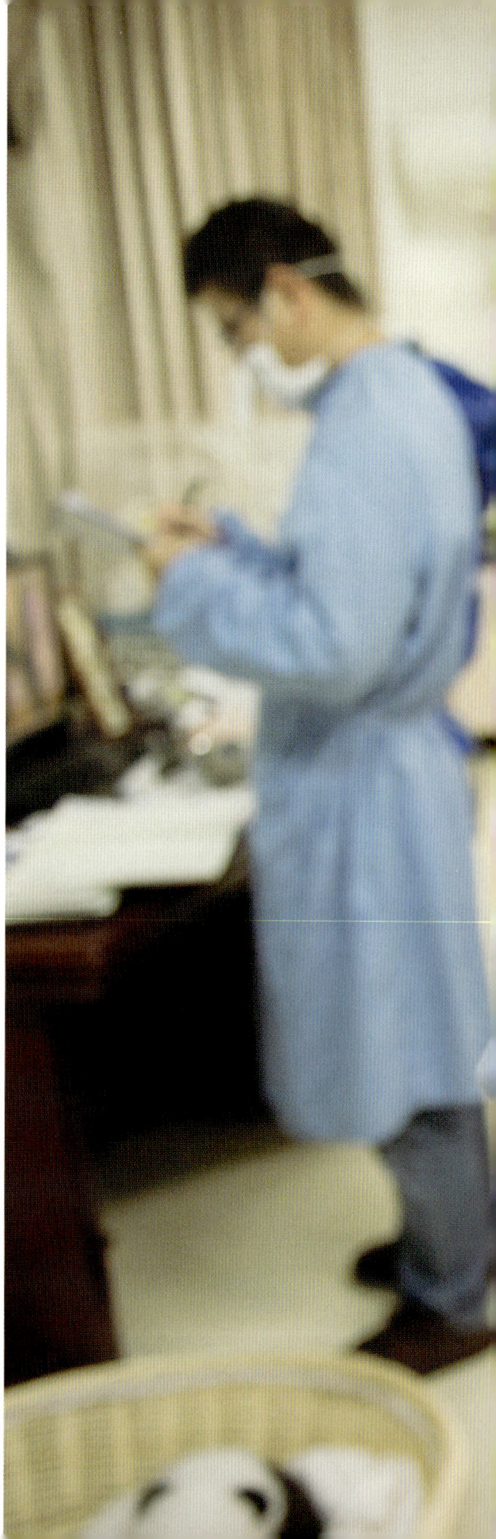

赤ちゃんパンダを育てるのは大変！ 哺乳瓶《ほにゅうびん》でミルクをあげて、抱っこして、しゃっくりさせて、泣くのをあやし、お腹をなでて排泄《はいせつ》を助け、身体測定して、ウロウロする赤ちゃんパンダを抱え上げて……と休む暇もありません。

飼育員のリウ・ジュアンさん。「赤ちゃんパンダが元気に育つまでは、毎日気が抜けません。パンダは中国の国宝ですから」

中国では、社会全体が一丸となってパンダの保護に取り組み、絶滅の危機にあったパンダを救いました。パンダを守ろうと、研究者から子どもたちまで、みんなが力を合わせたのです。写真は、都江堰《トコウエン》パンダ基地で、生後6か月の赤ちゃんパンダと対面して喜ぶ子どもたち。

碧峰峡パンダ基地で、母親とたわむれる赤ちゃんパンダ。赤ちゃんパンダの成長はあっという間。子育て中の生後1年間は、ママができるだけ抱っこします。

クンクン鳴きながら、もぞもぞとカゴから逃げ出そうとする、まん丸おめめの赤ちゃんパンダ。雨に濡れた子犬のような匂いがします。

57　パンダ・ラブ

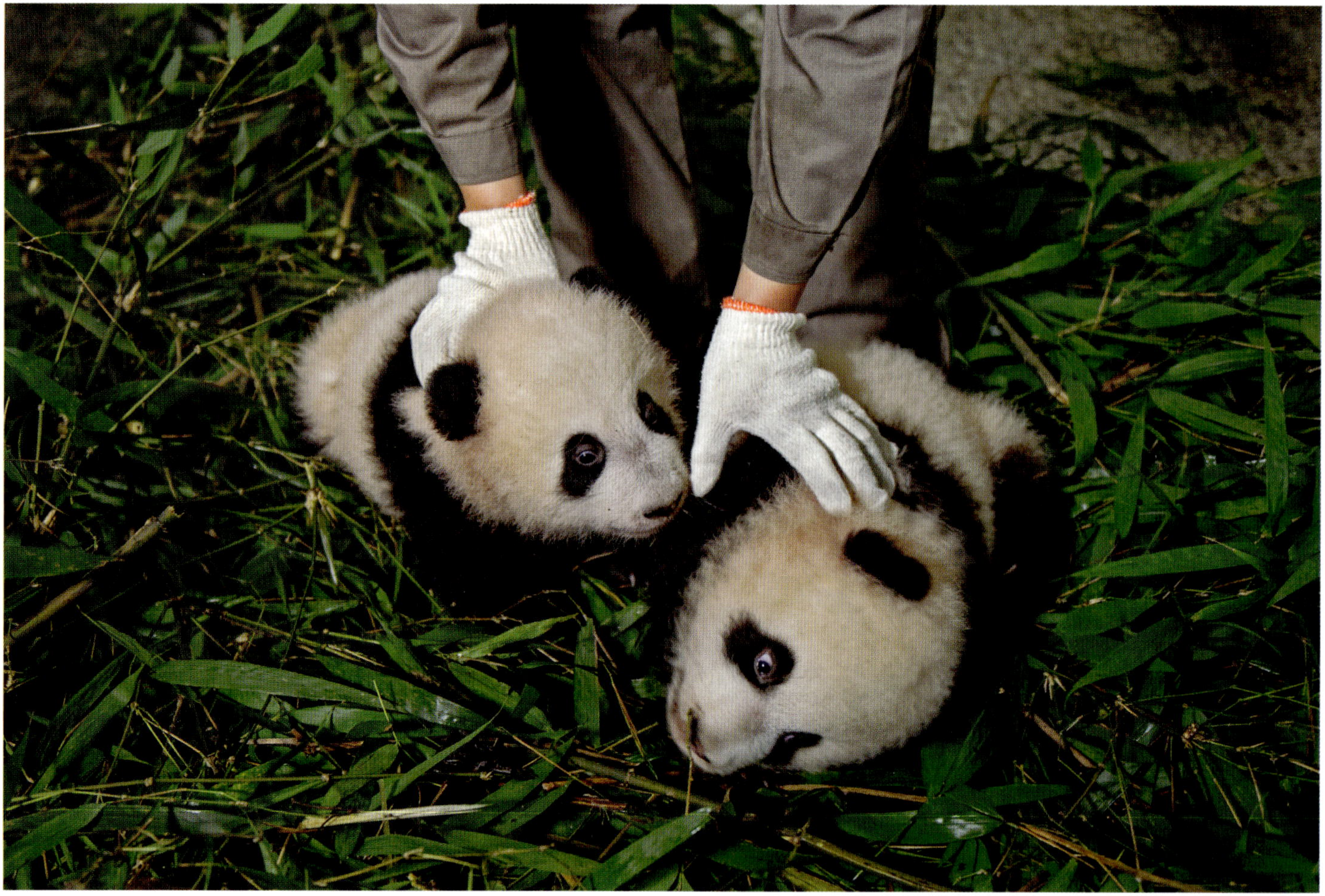

飼育員のチャン・シンさん。「パンダの妊娠や、赤ちゃんパンダの誕生は何度経験してもうれしく、職員一同興奮して大喜びします。成人したパンダも赤ちゃんパンダも、どのくらい食べているか、糞の状態はどうか、元気があるかどうかを毎日チェックします。とにかく元気に育ってほしいのです」

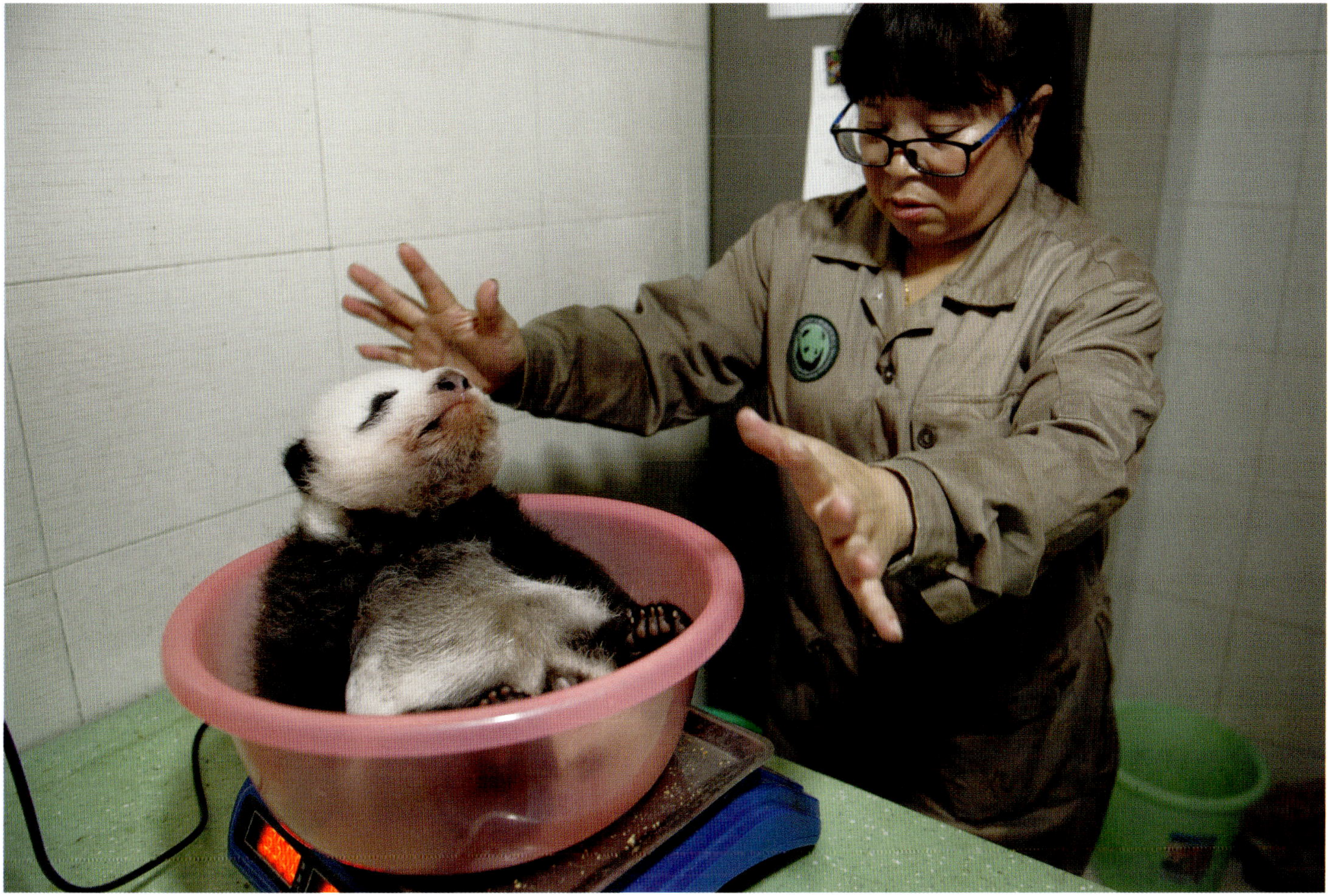

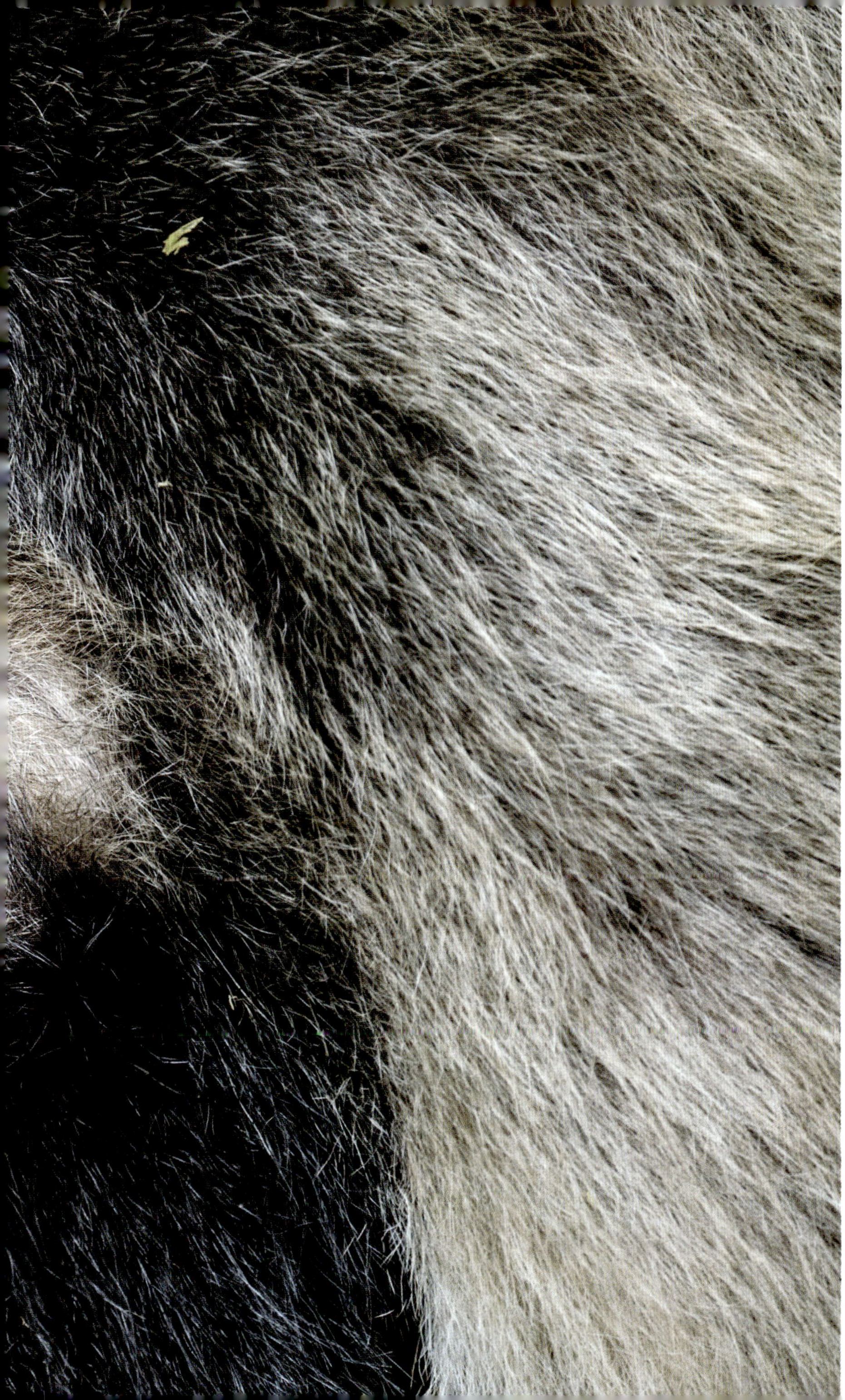

飼育環境下でパンダを繁殖させるには、3つの問題点があります。まず、パンダを交尾させるのが難しいこと。次に、パンダを妊娠させるのが大変なこと、そして最後に赤ちゃんパンダの死亡率が高いことです。それでも、研究者が何十年もの間努力してきたおかげで、人工繁殖で生まれるパンダの数が増えてきました。野生保護のシンボルであるパンダを絶滅から救える日も近いでしょう。

碧峰峡パンダ基地にて、体重測定の後、体重計から転げ落ちる赤ちゃんパンダ。成人するとメスのパンダの体重は最大で約100キロ、オスのパンダは最大約113キロ、身長は約122センチから183センチにまで成長します。

碧峰峡パンダ基地は、パンダ保護の最前線基地。ジャイアントパンダの繁殖を専門としたセンターで分娩《ぶんべん》室も備わっています。基地のあちこちにパンダがいっぱいです。野生パンダの生息数が少ないこともあり、ここにいるパンダはすべて重要な役割を担っています。

Fine
And Liying

赤ちゃんパンダは体が小さいので、母親におしつぶされてしまうことがあります。そこで、赤ちゃんパンダはとても効果的な方法を編み出しました。それはワーワーと命がけで鳴くこと！ そうして母親に自分がどこにいるのかを知らせます。赤ちゃんパンダは、生後数日から数週間は、絶えず甲高い声を発します。

パンダはあまり社交的な動物ではなく、野生では群れを作りません。繁殖期以外は、基本的に単独行動を好む動物なのです。パンダの子どもは、生後約３か月で巣穴からよちよちと出てくるようになり、次の繁殖期がくる頃には、親離れします。

ここは都江堰パンダ基地、パンダの救済・治療センターです。ここでは、友達作りを通して友情をはぐくみ、生きていくための術を学びます。1歳になった赤ちゃんパンダはここに集められ、コミュニケーションスキルを身に着けます。一方、野生のパンダは、単独生活を好みます。

臥龍《ガリュウ》自然保護区にあるジャイアントパンダ保護研究センター内の耿達《グンダー》パンダ基地にて、木の上でじゃれ合う赤ちゃんパンダのセンセン（森森）とシンシン（心心）。母親パンダが食事にかける時間は、1日なんと13時間から16時間。その間、子どもたちが敵から身を守るために向かう先は、木の上です！ ここが一番安全なのです。

ジャイアントパンダの子どもたちは、母親とじゃれ合ったり、木に登ったり、丘を転げ落ちたりと、常に好奇心旺盛です!

その愛くるしさで、世界中をとりこにしているパンダですが、中国では生存の危機にさらされています。現在2000頭足らずしかいない野生パンダの数を増やそうと、懸命な努力が続けられています。

木登りの練習をする2頭の子パンダ。敵から
身を守り、安心して眠るために、木に登ります。

ジャイアントパンダは木登りが大得意。時に、バランスを上手に取りながら、木の上で眠ってしまうことも！ パンダは1日のほとんどの時間を食事に費やし、それ以外の時間は、休むか寝るかしています。

パンダは、他のクマのようにガォーと吠えたりしません。ヤギやガンのように鳴くのですが、時にコミュケーションを取るために、うなったり、吠えたりすることもあります。

スタッフから「パンダの父」と呼ばれている、パンダプロジェクトの責任者ジャン・ホーミン氏。碧峰峡パンダ基地にて、職員と一緒にパンダの子どもたちを抱っこして記念撮影。毎年の恒例行事です。

３頭集まれば可愛さ３倍、でも苦労も３倍！
この３頭の幼いパンダを育てているのは１頭のママパンダ、でも実際に産んだのは幼いパンダのうちの１頭だけです。体が弱かったり、母親から見放された赤ちゃんパンダを、こうやって代理のママに預けてお世話させることもあります。これも、赤ちゃんパンダの生存率を高めるために、パンダ繁殖センターが行なっている方法のひとつです。

中国が、国をあげてパンダ保護に取り組んできたおかげで、現在では、何百頭もの野生パンダが保護研究センターで暮らしています。今後の課題は、このパンダたちをどうやって野生の地に戻すかということ。そうして、野生に戻ったパンダが子孫を残してくれればと願いながら……。ただ、飼育環境下で生まれた２世代目のパンダは、野生の本能を失っているため、野生化するための訓練を受けなければなりません。質の良い竹を探したり、自分で健康を管理したり、ヒルを体から払い落としたりする方法が分からず、敵を見ても、逃げようとさえしないのです。こういった問題を解決するために、センターは一連のテストを考案しました。このテストに合格した幼いパンダだけが、自然の広い空間に放たれるのです。

周李秋
徐建宁

何

人間の匂いを消すために、研究者や飼育員は、パンダの尿や糞の匂いを染み込ませた着ぐるみを身に着けます。こうやって人間がパンダになりすませば、パンダは野生の本能を保つことができ、人に慣れすぎることもありません。

パンダの父であるジャン・ホーミン氏いわく、「最終的な目標は、とにかくパンダを野生に帰すこと、それだけです。私には目下、二つの大きな使命があります。ひとつはパンダを繁殖させることで、これは現在順調に進んでいます。そして、二つ目は、環境の整った生息地を確保することです」

中国では、パンダの狩猟《しゅりょう》は、1960年代まで合法的に認められていました。しかし現在では、1頭でも殺せば、20年の懲役刑《ちょうえきけい》が科せられます。誰もパンダに手出しすることはできないのです。密猟《みつりょう》によって、希少《きしょう》なパンダの生息数が減少することがないのは、ひと安心です。

パンダの父いわく、「ここでは、敵や他の肉食動物、音や仲間、そして周囲の環境をパンダ自身が認識できるよう、訓練しています」

赤ちゃんが生まれるのは、苔《こけ》で覆われた安全で静かな竹やぶの中。飼育員は、遠くから母親にエサを与え、壁の後ろに隠れたり、テレビ画面を通してパンダをモニターします。赤ちゃんパンダは成長するにつれ、徐々にさらに広くて雑然とした、より野生に近い環境に移動します。そこで、木に登ったり、自分で竹を探す訓練を行ないます。

科学者の研究によると、地球温暖化の影響により、今後70年の間に、現在あるパンダの生息地は、60パーセント近くがなくなってしまうと警告しています。今やらなければいけないのは、生息地を建て直し、パンダが移動できるように、それぞれをコリドーと呼ばれる緑の回廊《かいろう》でつなぎ、守っていくことです。これは、パンダを保護する上で、最も重要なポイントです。

ヒョウの剥製《はくせい》とポーズを取る、飼育員のガオ・シャオ・ウェンさん。臥龍自然保護区では、動物の剥製やそのうなり声を録音した機材などを使って、幼いパンダたちに自然界における天敵を教えます。この天敵に対する反応で、独り立ちできるかどうかを判断します。

「パンダを野生に帰すのはなぜか？」パンダズ・インターナショナル（ジャイアントパンダの保護を目的に1999年に発足した非営利団体）によると、「その答えは、遺伝子にあります。どんな生き物でも、遺伝的多様性が、種の生存と適応において重要な役割を果たします。新たな遺伝子コードを自然集団に持ち込むことで、長期的にその生存能力が高まるのです。野生復帰プログラムとジャイアントパンダの生息地を保護するための様々なプログラムによって、野生パンダの数が増え、今後も生存し続けることができるでしょう」

幼いパンダは、生後２年間は母親の元で暮らし、その間に野生の生活に慣れていきます。まず、生まれてから１年あまりたつと、柵《さく》で囲まれた広大な山林へと親子で移動し、そこで、１年ほどかけて母親から野生で生きるための術を教え込まれるのです。パンダが、人間や他の動物を警戒し、エサとなる竹や住処《すみか》を自力で探せるようになったら自立した証拠、いよいよ外の世界で独り立ちです。

柵で囲まれた竹林に持ち込まれた、ヒョウの剥製。録音したうなり声も流されます。危険を感じてパンダが木の上に登れば合格、より広い山林に放されます。

中国は国をあげて、世界に誇る最も有名な親善大使であるパンダを保護し、野生化するという目標に向かって取り組んでいます。

幼いパンダは、高い木の枝に何日も続けて横たわっていることが、よくあります。母親は、そうやって子どもを安全な木の上に隠すのです。

臥龍自然保護区に属する核桃坪《ホータオピン》パンダ保護センターでは、パンダを野生化するための訓練が行われています。人間を見慣れてしまわないように、パンダの檻《おり》を掃除する世話係も、パンダの匂いのついた着ぐるみを身に着けます。

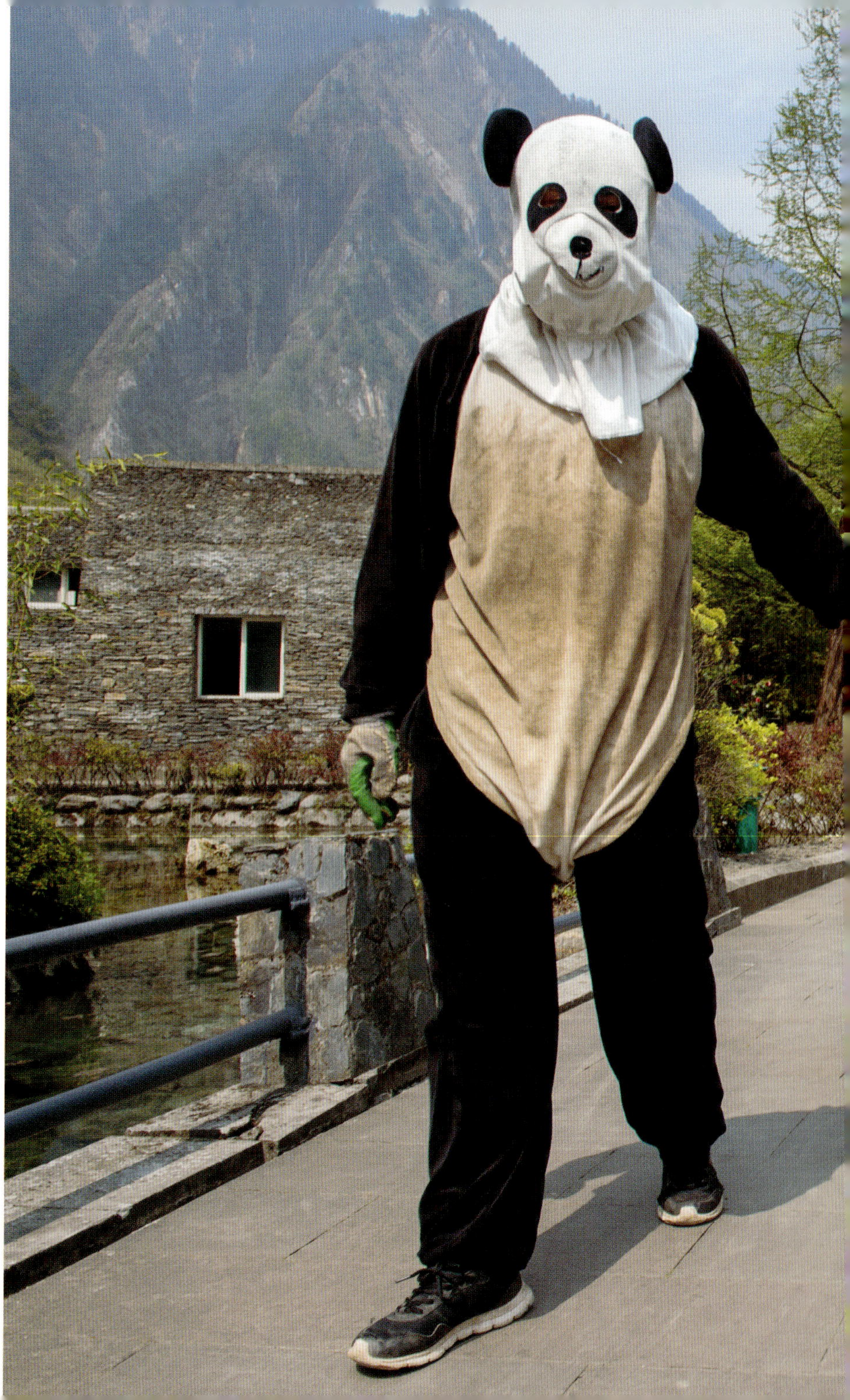

健康診断を受けるため、臥龍自然保護区の飼育員たちに運び出されるファージャオ（華姣）。この後、野生化に向けた最終訓練に入ります。ジャイアントパンダの保護活動により、生息環境がよくなれば、レッサーパンダやキジ、マエガミジカなど他の野生動物の保護にもつながります。

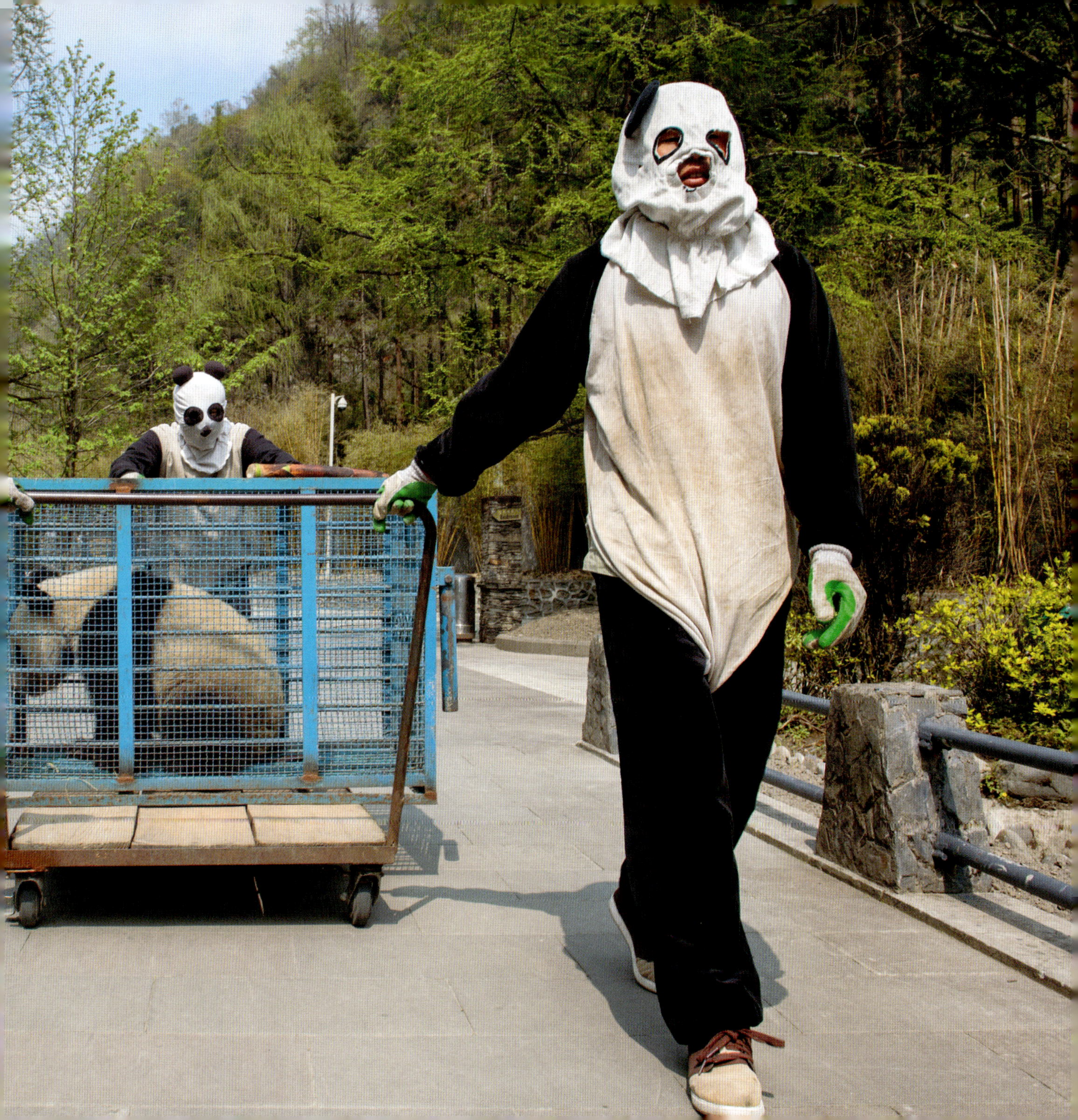

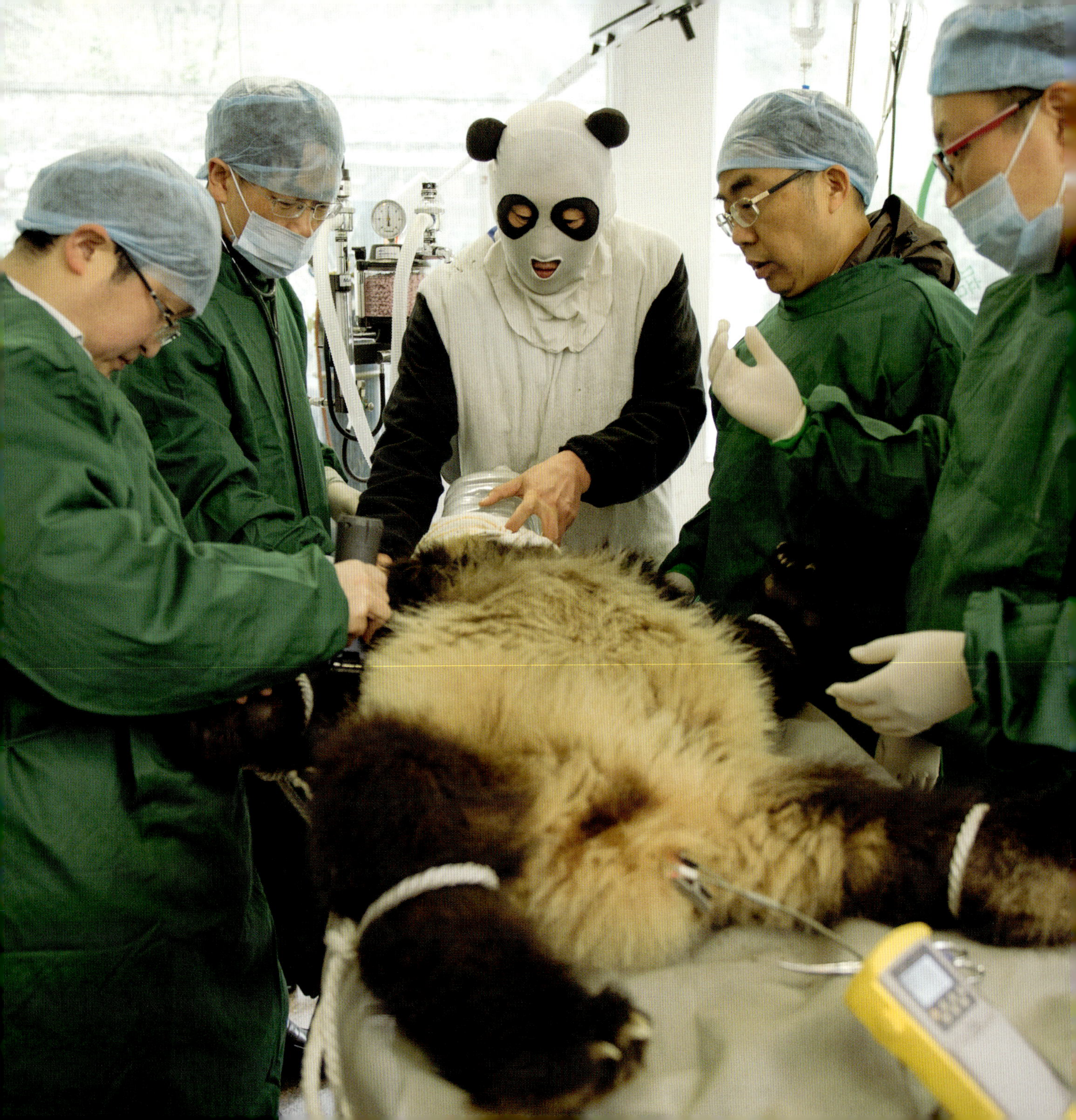

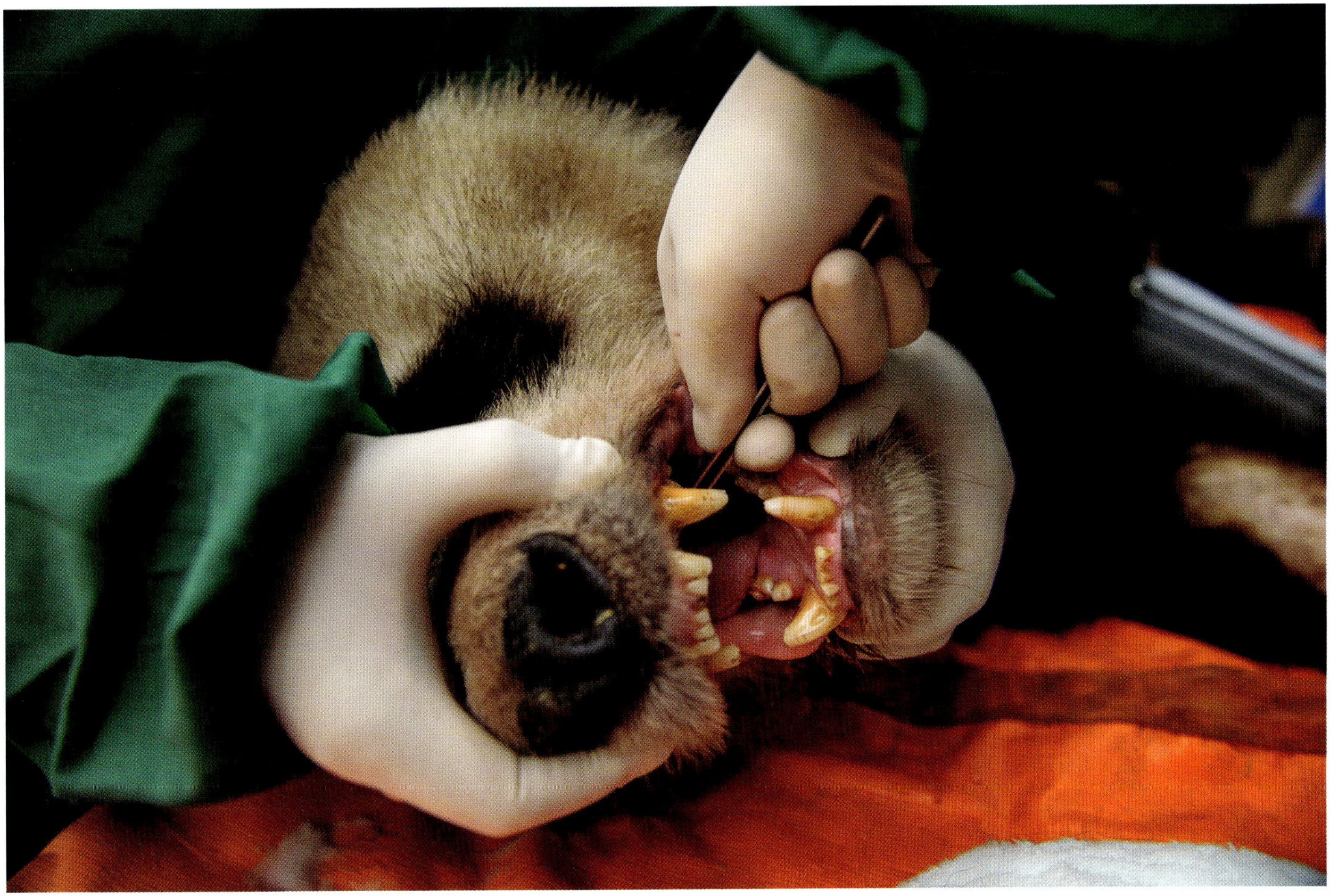

中国ジャイアントパンダ保護研究センターにて、入念な健康診断を受けるファージャオ。健康状態は良好、いよいよ外の世界へ放されます。

13歳のジャイアントパンダ、ツァオ・ツァオ（草草）にGPS付きの首輪をつける、ジャン・ホーミン氏とスタッフ。この後、ツァオ・ツァオと、1歳の子パンダ、ファージャオは、さらに高地にある、広大な場所へ放されます。これは、臥龍自然保護区にあるジャイアントパンダ保護研究センターの野生化プロジェクトの最終段階にあたる訓練です。ファージャオは、人工繁殖されて野生に戻る5頭目のパンダです。

ファージャオの野生化訓練が無事終了。その後、４日間にわたって、最後の健康診断を受けた後、GPS付きの首輪をつけられ、檻に入れられて運び出されるファージャオ。この後、いよいよ一人で外の世界に放たれます。向かった先は、約320キロ離れた栗子坪自然保護区。ここは、パンダの生息数が少なく、ジャイアントパンダの生息に適した環境です。

「何も手を打たなければ、野生のパンダたちは、100年以内に絶滅する恐れがあります」と、中国ジャイアントパンダ保護研究センター副技師長で、野生化訓練プログラムの担当者ホアン・ヤン氏は言います。

野生化訓練中のパンダの首につけたGPSからの電波信号を確認する、飼育員マ・リーさんとリュウ・シャオチャンさん。こうして追跡することで、幼いパンダが厳しい山林地帯で元気に暮らしているかどうかを確かめることができます。

中国ジャイアントパンダ保護研究センター所長のパンダの父は、基地内に新しい囲いを作ると、その敷地に大学名をつけることにしています。最も広い囲い地には「ハーバード」と名づけました。成功すれば、パンダは無事卒業し、野生に戻っていくのです。

ジャイアントパンダは、適応能力に優れています。「我々人間は、ニーズに合わせて、当たり前のように環境を変えていきます。でも、パンダは、環境に合わせて自分たちを変えていくのです」と、パンダの父。

訓練を終え、野生に戻る準備が整ったジャン・シャン（張想）。2013年に栗子坪自然保護区で、自由への1歩を踏み出しました。ジャン・シャンは、野生化プログラムが始まってから、最初に放されたメスのパンダで、首につけられたGPS信号を追跡した限りでは、元気に暮らしているようです。

パンダが私たちに教えてくれること、それは、自然は蘇るもの、けれど、何もしなければ実現しないということです。私たちには、絶滅の危機にさらされているすべての生き物を保護し、長く生息していけるように自然環境を守っていくという、大きな目標があります。今後は、その目標を達成するために、パンダ保護活動の成功で学んだことをどう役立てていけるかを考えていくことが大切です。

臥龍自然保護区で、パンダの着ぐるみを身に着けた飼育員が、幼いパンダの２か月検診を行なっている貴重な写真。まずは、じっとチャンスをうかがい、母親がエサを探しに出かけた時を見計らって、素早く体重を測り、チェックしなければなりません。ここにいるパンダは、やがて野生に帰っていくので、飼育員との接触も、かなり限られています。

Acknowledgements

謝辞

危急種に引き下げられたものの、引き続き絶滅が心配されているジャイアントパンダ。この穏やかで愛らしいパンダを救おうと、多くの人が立ち上がり、必死の保護活動を続けています。野生動物を取り巻く状況が厳しくなる中、これは希望を与えてくれるうれしいニュースです。

この熱意ある活動をスタートさせたのはジャン・ホーミン氏。「パンダの父」としてみんなから慕われており、中国ジャイアントパンダ保護研究センターで行われているパンダの繁殖及び保護に関するすべての活動を指揮しています。

研究主任でパンダ専門家のリー・デ・シェン氏と、碧峰峡パンダ基地主任の一人ジャン・グイ・クエン氏、臥龍自然保護区主任のフアン・ヤン氏と、副主任のウー・ダイ・フー氏にも心から謝意を表します。彼らの多大な協力のおかげで、パンダの生態を理解することができました。

また、ガオ・シャオ・ウェン氏とジェイド・シア氏にも感謝します。彼らが、長い時間をかけ根気よく撮影許可を取りつけてくれたおかげで、生身のパンダの姿をカメラに収めることができました。

パンダの保護活動には、様々な人々が関わっています。お腹を空かせた母親パンダの元に、トラック1台分の重さの竹を運び込む飼育員もいれば、来る日も来る日もパンダの着ぐるみを着こみ、その姿を隠してパンダの面倒をみる飼育員もいます。パンダの縄張りに張り込んで、半分野生化したパンダが自然生息地での生活に戻れるようサポートする生物学者、そして、何よりもかよわい赤ちゃんパンダが、ちゃんと元気にすくすく育つようにと愛情いっぱいに育てる世話係。その他にも数え切れないほどの「影のヒーローたち」が、飼育されているパンダも野生パンダも安心して幸せに暮らせるよう、懸命にサポートしています。ここでは、全員の名前を紹介することはできませんが、彼らの大いなる努力には感謝しきれません。

また、野生化プロジェクトを成功させるためにパンダの基本的な習性を研究したり、政策作りに対し科学的な助言を行なったり、野生動物が必要とする自然環境の保全に全力を注いでいる研究者たちにも心から感謝します。パンダとその生息環境の研究作業は、何十年も前から行われてきました。研究者たちがそうやって長年努力し、知識を積み重ねてきたおかげで、現在パンダを繁殖し、保護することができるようになったのです。

ジャイアントパンダの保護には、思いやりにあふれた優秀な人々を集結させ、チーム一丸となって取り組む必要があります。彼らの力で、パンダは野生で必ず元気に暮らしていけるはずです。また、パンダを愛し、寄付やそのほかの方法で間接的に支えてくれる人たちもチームの立派な一員です。保護活動は、こうしたサポートによって支えられています。パンダの保護に熱心に取り組めば、結果的に私たち人間にとっても、自然に恵まれた、より優しく美しい環境を作ることができるのです。これからも、保護に取り組む人たちの姿をずっと追い続けていきます。

この本は、スタッフから「パンダの父」と呼ばれるジャン・ホーミン氏に捧げます。これは、碧峰峡パンダ基地で、2015年に生まれた幼いパンダに囲まれたジャン・ホーミン氏の写真。ジャン氏は、中国のパンダ保護活動の多くを指揮しています。「地元では、ジャイアントパンダには魔力がある、と考える人々もいます。しかし、私にとってのパンダとは、純粋に美と平和を象徴するものです」

Panda Love

～知られざるパンダの世界～

2019年7月16日発行

エイミー・ビターリ／著
市前奈美(バベルトランスメディアセンター株式会社)／日本語訳
吉井茂活(MOKA STORE)／カバーデザイン & DTP
松本貴子・小川真梨子／編集

本書籍に関する目録レコード：英国図書館より提供

発行／株式会社産業編集センター
〒112-0011
東京都文京区千石4丁目39番17号
TEL 03-5395-6133 FAX 03-5395-5320
印刷・製本／C&C オフセットプリンティング株式会社

Panda Love

the secret lives of pandas

Printed in China
ISBN978-4-86311-232-2 C0098

Japanese translation rights arranged with Hardie Grant Books, an imprint of Hardie UK Ltd.
through Japan UNI Agency, Inc., Tokyo